洛伦兹的蝴蝶

小问号童书 著/绘

U0176193

中信出版集团｜北京

图书在版编目（CIP）数据

洛伦兹的蝴蝶 / 小问号童书著绘 . -- 北京 : 中信
出版社 , 2023.7
ISBN 978-7-5217-5150-5

Ⅰ . ①洛… Ⅱ . ①小… Ⅲ . ①混沌理论－少儿读物
Ⅳ . ① O415.5-49

中国版本图书馆 CIP 数据核字 (2022) 第 252591 号

洛伦兹的蝴蝶

著 绘 者 : 小问号童书
出版发行 : 中信出版集团股份有限公司
　　　　　（北京市朝阳区东三环北路27号嘉铭中心　邮编　100020）
承 印 者 : 北京启航东方印刷有限公司

开　　本 : 710mm×1000mm　1/16　　　　印　　张 : 2.5　　　字　　数 : 59千字
版　　次 : 2023年7月第1版　　　　　　　印　　次 : 2023年7月第1次印刷
书　　号 : ISBN 978-7-5217-5150-5
定　　价 : 20.00元

出　　品 : 中信儿童书店
图书策划 : 神奇时光
总 策 划 : 韩慧琴
策划编辑 : 刘颖
责任编辑 : 房阳　　　　营　　销 : 中信童书营销中心
封面设计 : 姜婷　　　内文排版 : 王莹

服务热线 : 400-600-8099
投稿邮箱 : author@citicpub.com

一只蝴蝶，

轻轻扇动翅膀，

谁知，

它竟掀起了一场风波……

世界上有一群特殊的导游，他们带着游客去各色各样的异世界旅游观光。格林就是其中一员。为了给游客制订完美的旅行计划，他会带着心爱的宠物猫，先前往目的地考察。

这次的目的地蝴蝶城风景秀丽，蝴蝶种类繁多，有翅膀像一片透明水晶的，也有花纹像猫头鹰眼睛的，其中最珍稀、最有名的，就是动起来宛如一道流光的蓝闪蝶。观赏蓝闪蝶，也是格林蝴蝶城旅行计划的重要环节。

多么完美的旅行计划!

"我们会被罚到倾家荡产的！"格林惊呼。

"我希望你说的不是这个，"宠物猫用一双无辜的大眼睛望着格林，"我保证我只是轻轻扑了一下！"

格林冲过去，捧起地上的蓝闪蝶，可惜来不及了，它已经彻底没救了。

完了!

"完了！"还没有正式带游客，就损坏了异世界的物品，旅行社绝不允许自己的导游出这样的差错。要是事情闹大了，甚至可能会上异世界法庭！

"完了！全完了！"

"放松点儿，格林，"猫满不在乎，"一只蝴蝶而已，能有多大的影响？这里有这么多蝴蝶呢。"

"我们补上一只吧。"

于是他们迅速去另一个异世界机器人之城购买了一只机械蓝闪蝶。这只机械蝴蝶栩栩如生，"飞舞"起来宛如一道蓝色的流光。

"它和真的一模一样！"

格林终于松了一口气，带着猫准备离开，这时，一位面色愁苦的钟表匠和他擦肩而过。

钟表匠十分忧愁。因为一年一度的城市庆典马上就要到了。今年，城主要求他为钟楼制作出一座最美、最能代表蝴蝶城的大钟。

离交付大钟的截止时间越来越近了，钟表匠迟迟没能制造出满意的作品。他走出工作室，想要寻找一点灵感。

　　看着蝴蝶城千姿百态、各具特色的蝴蝶，钟表匠发现了一只十分奇怪的。他简直不敢相信自己的眼睛，这是一只机械蝴蝶！作为钟表匠，他和各种机械零件打了许多年的交道，绝不会认错！

　　"机械蝴蝶竟然能飞！"

7

钟表匠把这只蝴蝶带回了家，开始没日没夜地研究起来。

终于……

"原来是这样！"钟表匠破解了机械蝴蝶能飞的奥秘。他决定制作一座会飞的大钟！

　　会飞的蝴蝶大钟终于制作完成，吸引了无数市民前来观看。

　　大钟扇动翅膀，慢慢离开地面，向着钟楼的顶端飞去。市民们惊讶赞叹的眼光，让钟表匠十分享受。他昂首挺胸、准备接受大家的赞扬，市民们却一脸惊恐地看着他。

救命啊，我怕高！！！

钟表匠飞起来了——他的衣服被蝴蝶大钟尾部的凸起钩住了。蝴蝶大钟带着钟表匠撞上了钟楼的塔尖。市民们乱哄哄地四处奔逃。

钟楼被撞坏了，报纸争相报道蝴蝶大钟的新闻，一时间，街头巷尾都在讨论这座会飞的大钟。话题的主人公钟表匠闭门不出，这次意外给他造成了很大的打击。

一个机械师看到新闻，敲响了钟表匠的家门。

惊！

成功还是失败？会飞的钟表竟出意外！

大爆料，城主当场气晕！

百年钟楼遭破坏！
诚聘工程师修复，待遇从优

13

机械师跟着钟表匠学会了这项技术，回家后又研究改进了它，并制作出了一双蝴蝶翅膀。

她给小女儿爱丽丝安上了这双蝴蝶翅膀。——爱丽丝在一次意外中失去了左腿后，便再也不愿意出门了。

"飞吧，飞吧！爱丽丝，外面的太阳多好呀，飞出去玩吧！"

爱丽丝扇动翅膀，飞出窗外。

天黑之后爱丽丝才回来，还带回了一个朋友，和她一样腿不方便。

机械师也为这个朋友制作了一双蝴蝶翅膀。

越来越多的人来找机械师安装翅膀，他们坐着轮椅进门，扇动翅膀离开。

15

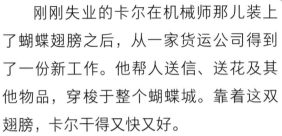

　　刚刚失业的卡尔在机械师那儿装上了蝴蝶翅膀之后，从一家货运公司得到了一份新工作。他帮人送信、送花及其他物品，穿梭于整个蝴蝶城。靠着这双翅膀，卡尔干得又快又好。

　　货运公司招了更多装有机械翅膀的员工，他们的业务范围也越来越广泛。

一天，一位客户来请货运公司帮忙搬家。"我要把整个屋子搬到山上去！"

　　"没问题，不管您有多少东西，我们保证做得又快又好。"公司派出了所有装着蝴蝶翅膀的员工。

　　"一、二、三——"所有人一齐扇动翅膀，努力想把房子抬起来。但房子太重了，只把房子稍稍抬离地面，他们就累得不行。

　　"您丢掉一些东西吧，这房子太重了。"

　　"不行，这些都是我宝贵的回忆！"

　　"这可怎么办？""根本没办法运上山。"大家七嘴八舌讨论起来。

　　"蝴蝶翅膀能带着我们飞起来，那也可以给这个房子造一双翅膀，让它带着房子飞！"卡尔想到了一个主意。

　　于是，他们给房子安上了一双蝴蝶翅膀，翅膀扇动，房子就飞了起来！

负责重建钟楼的工程师看到了会飞的房子，马上开始重新设计图纸，他们建造出了一座会飞的钟楼。
　　这座钟楼每天定时巡游蝴蝶城，获得了所有市民的赞扬。

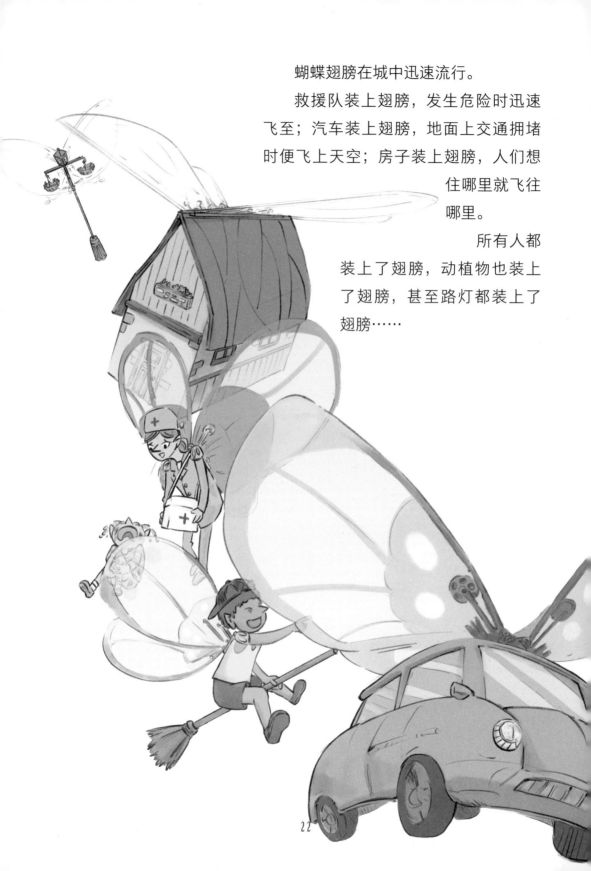

蝴蝶翅膀在城中迅速流行。

救援队装上翅膀，发生危险时迅速飞至；汽车装上翅膀，地面上交通拥堵时便飞上天空；房子装上翅膀，人们想住哪里就飞往哪里。

所有人都装上了翅膀，动植物也装上了翅膀，甚至路灯都装上了翅膀……

人人都成了蝴蝶，蝴蝶城的所有东
西都飞起来了。
为庆典头疼不已的城主有了一个大
胆的想法。

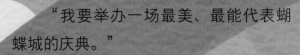

"我要举办一场最美、最能代表蝴蝶城的庆典。"

城主发动所有会制作蝴蝶翅膀的市民，制作出了一对巨大又华丽的蝴蝶翅膀，上面还用宝石装饰出漂亮的花纹，展开之后比城市还大。

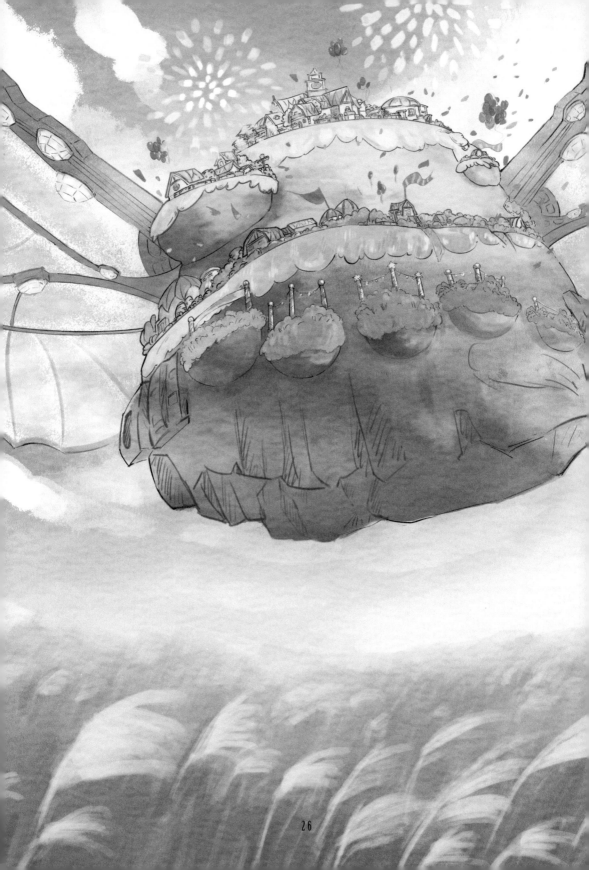

到了庆典那天，翅膀扇动，蝴蝶城飞起来了！

"我要让所有人都见到这座会飞的蝴蝶城！"城主激动不已。

蝴蝶城扇动着翅膀，飞过森林，飞过峡谷，飞过高山，所有见到这座飞城的人都惊讶得说不出话。

今年的城市庆典取得了前所未有的成功！

就在他们准备穿过沙漠，继续东进的时候，蝴蝶城的翅膀扇起了一小片沙尘。

蝴蝶城每次扇动翅膀，都会激起一小片沙尘，被激起的沙尘越来越多，越来越多，最后形成了一场沙尘暴！

沙尘暴气势汹汹地反扑向蝴蝶城，细小的沙粒钻进机械翅膀，卡进精密的齿轮之间，蝴蝶城的翅膀运转失灵，开始"咔咔"作响。

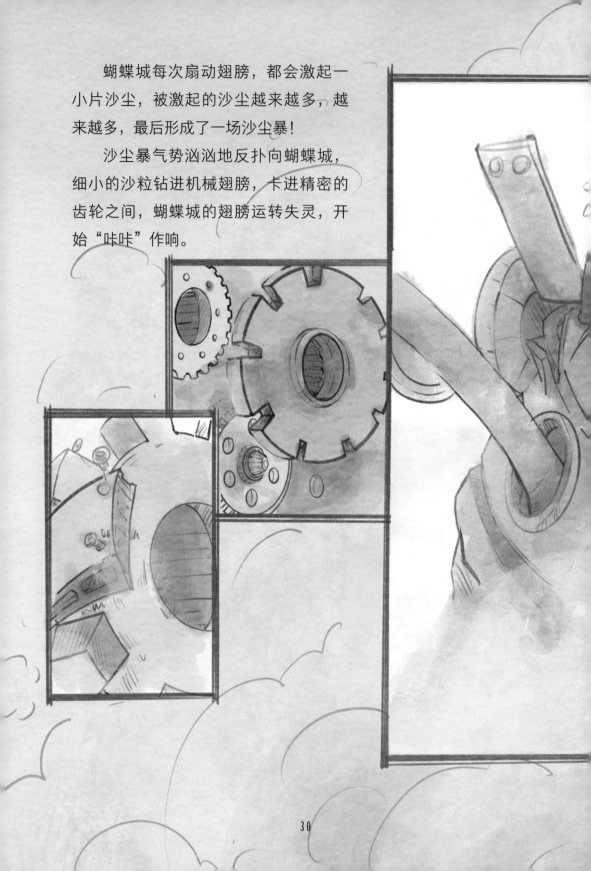

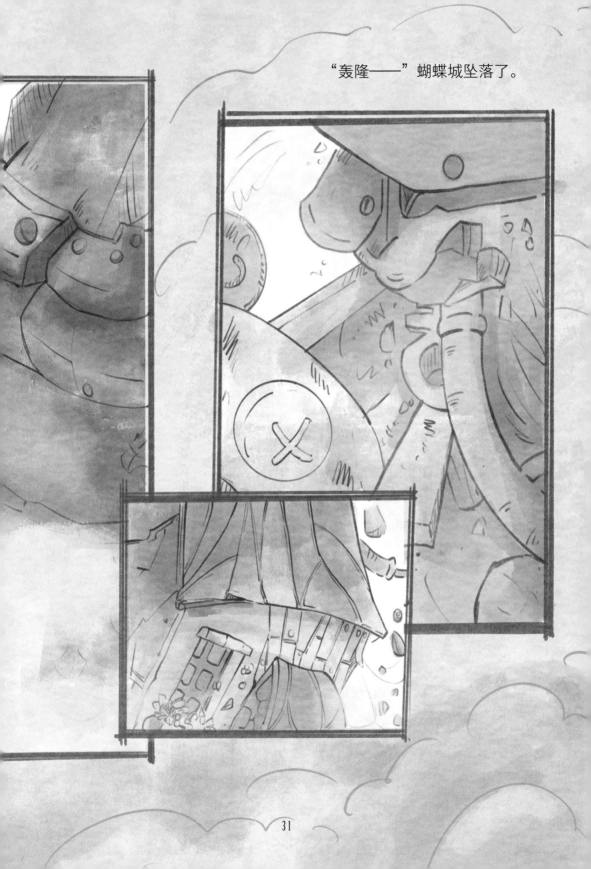

"轰隆——"蝴蝶城坠落了。

"亲爱的游客朋友们，在开始参观之前，我需要向大家再次强调，"格林带着旅行团，直接定位到了蝴蝶城，"千万、千万、千万不要损坏异世界的任何东西，哪怕是一株小草！"

　　接着，他信心满满，开始介绍蝴蝶城的风貌："这是异世界的蝴蝶城，坐落在风景秀丽的山川平原之中。这里的人们生活简朴、崇尚自然，城里有各种各样的蝴蝶，其中最著名的就是蓝闪蝶……"

　　旅行团里没有一个人回应这位导游，他们全都目瞪口呆，望着眼前这座被黄沙围绕、长着巨大机械翅膀、灰头土脸的"蝴蝶城"。

"蝴蝶效应"是什么？

洛伦兹

爱德华·诺顿·洛伦兹（1917—2008），美国气象学家。混沌理论之父，蝴蝶效应的发现者。

蝴蝶效应其实只是混沌学的一个比喻：亚马孙热带雨林中的一只蝴蝶，轻轻扇动翅膀，可能会在遥远的国家造成一场龙卷风。

一只小小的蝴蝶真的能起到这么大的作用吗？洛伦兹认为：蝴蝶扇动翅膀，会影响身边的空气系统，产生的微弱气流进而引起四周空气和其他系统的变化，引起一系列连锁反应，最终导致其他系统发生巨大的变化。

这个比喻十分有名，甚至有人因此将混沌理论称为蝴蝶效应理论。

20 世纪 60 年代，为了预报天气，洛伦兹曾用计算机对大气进行模拟。当时，洛伦兹建立了 12 个方程，并且筛选了温度、气压、湿度等 12 个和天气相关的变量，输入计算机，并让它根据方程运行。计算完成后，洛伦兹从中挑了一个中间数据，重新输入。

等洛伦兹喝完咖啡回来再看时，结果却让他大吃一惊，两次运算的结果竟然截然相反！洛伦兹发现，一开始两次运算只有很小的差异，渐渐地，差异越来越大，最终结果偏了十万八千里！可以说，如果第一次得出的天气是晴空万里，那么第二次就是狂风暴雨。这是为什么呢？

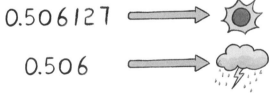

原来，第一次得出的中间数据本来是精确到小数点后 6 位，可洛伦兹的输入只到小数点后 3 位，这不足千分之一的不同，在运算过程中不断被放大，"制造"出了完全不同的天气。

背后的理论：混沌理论

由此，洛伦兹提出了混沌理论。可以说，对初始条件极其敏感就是"混沌"。在一个混沌系统中，初始条件十分微小的变化，经过不断放大，对事物未来的状态产生巨大的影响。

同一个小球，前后两次在同样的位置用同样的力度去撞击，两次撞击的角度有一点偏移，运动轨迹便截然不同。

混沌理论尤其是其中的蝴蝶效应，通常用于天气、股市等一定时间内难以预测的复杂系统。不过现在人们发现，物理、化学、天文、医学、社会学、概率学等诸多领域中，也存在神秘的蝴蝶效应。

我们的故事就体现了蝴蝶效应。故事中，格林的宠物猫扑杀了蓝闪蝶，于是格林买来机械蝴蝶；钟表匠制作会飞的钟表；蝴蝶城的人、房子甚至城市飞起来……最终，蝴蝶城最后因为机械翅膀故障，变得灰头土脸……

谁让你扑蝴蝶!

谁让你买机械蝴蝶!

我们的生活中也有蝴蝶效应，一件微不足道的小事，可能会产生滚雪球般的连锁反应，从而对于我们的未来的生活产生巨大的影响，也进而给我们身边所有人的生活带去巨大影响。

所以，不要小看我们走过的每一小步，做出的每一个选择，它们也可能会产生巨大的能量，像一场龙卷风一样，席卷我们的生活。

都怪你!

怪你!

37